AF340205

TERRAIN SECONDAIRE.

NÉOCOMIEN. PL. 1.

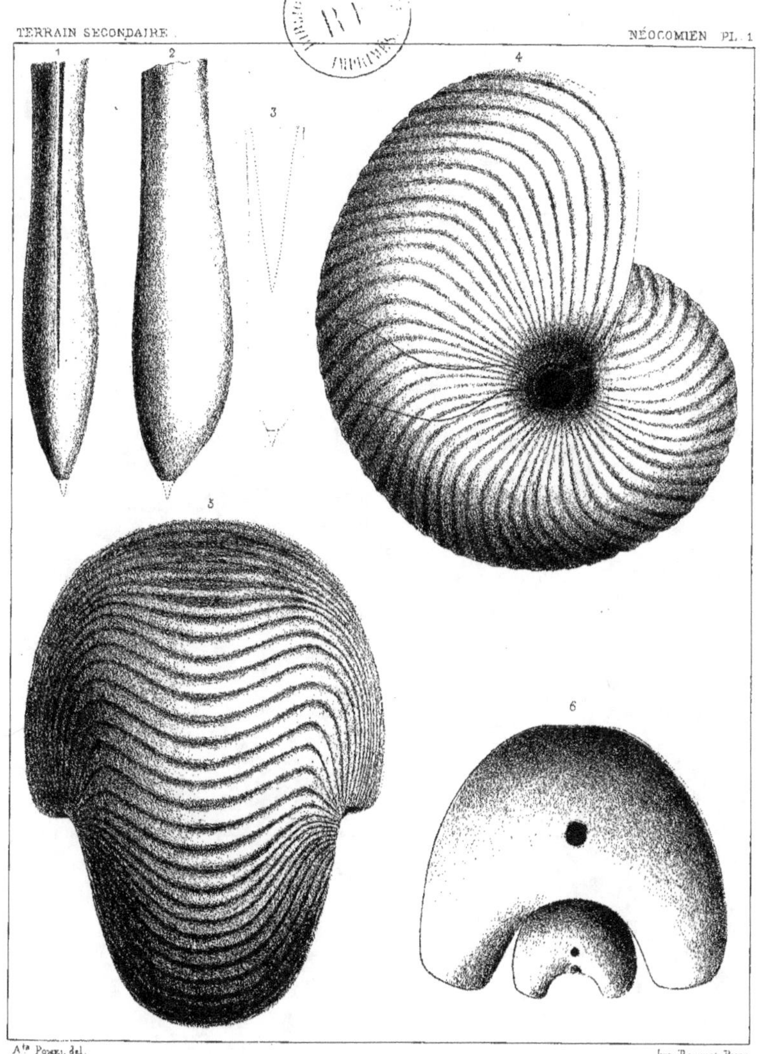

A^{te} Pomel. del.

Imp Becquet, Paris.

OULED MIMOUN

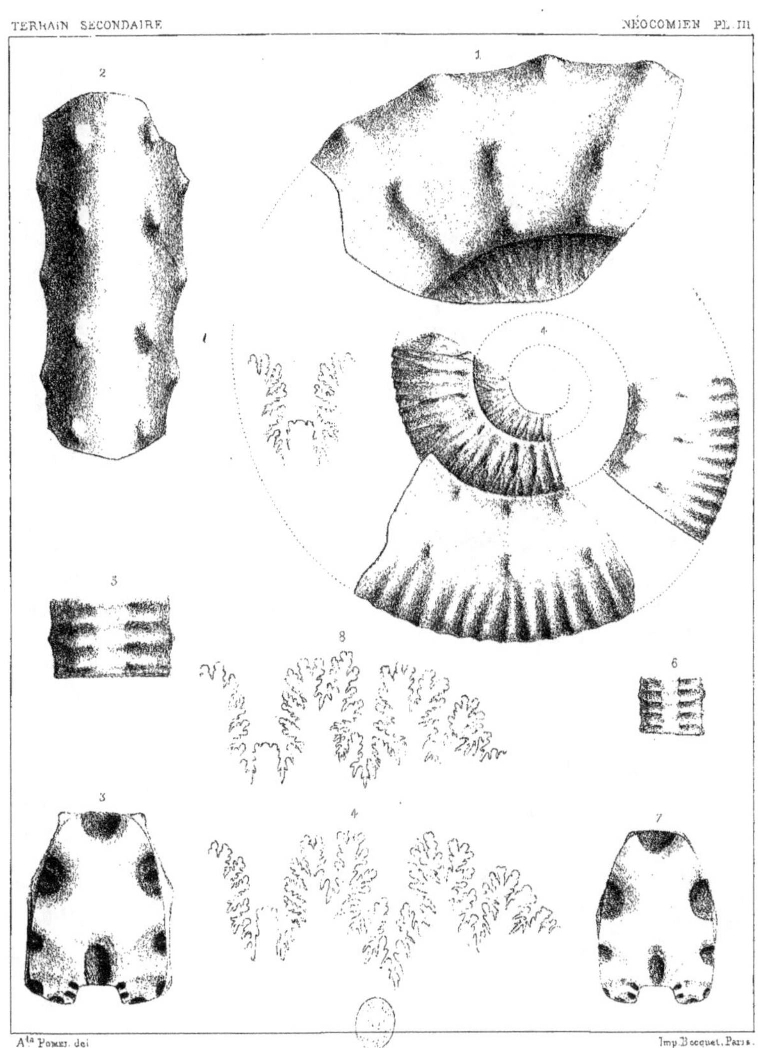

A.ta Pomel. del

Imp.Becquet.Paris.

OULED MIMOUN

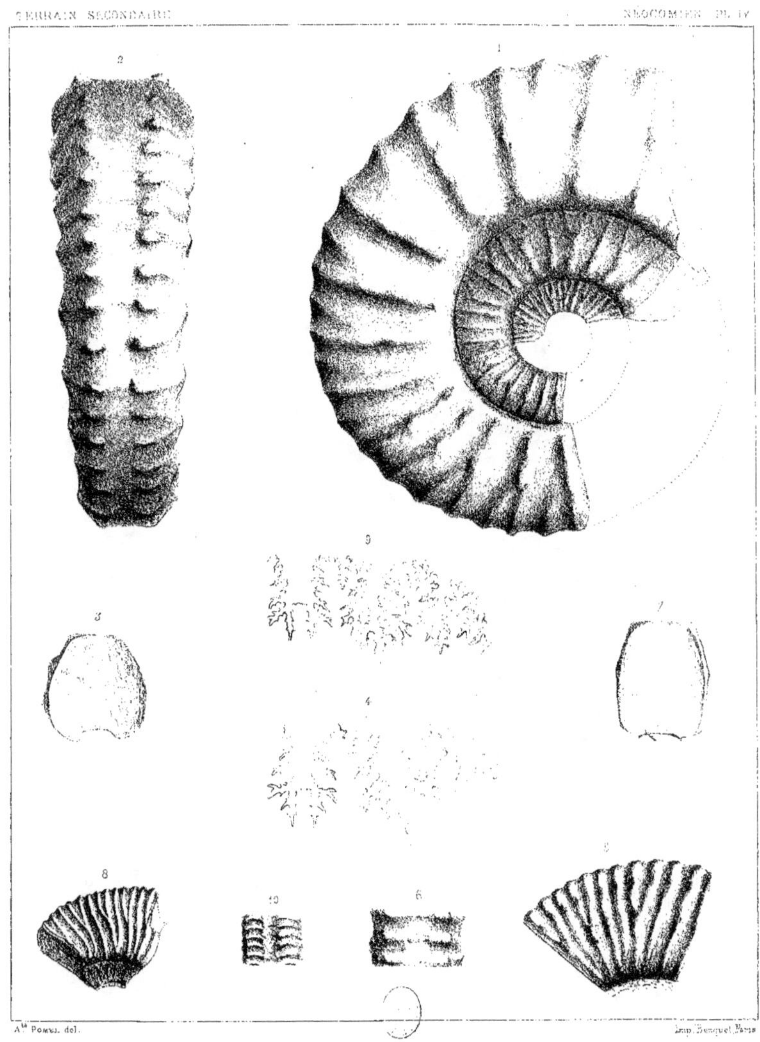

OULED MIMOUN

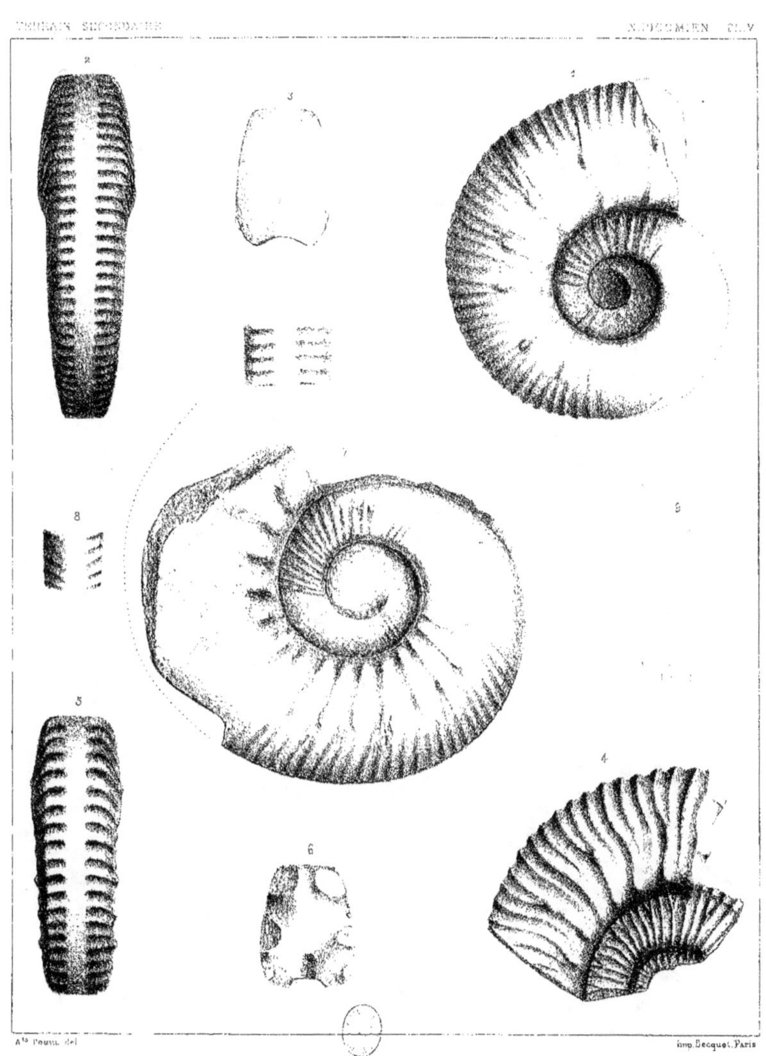

OULED MIMOUN

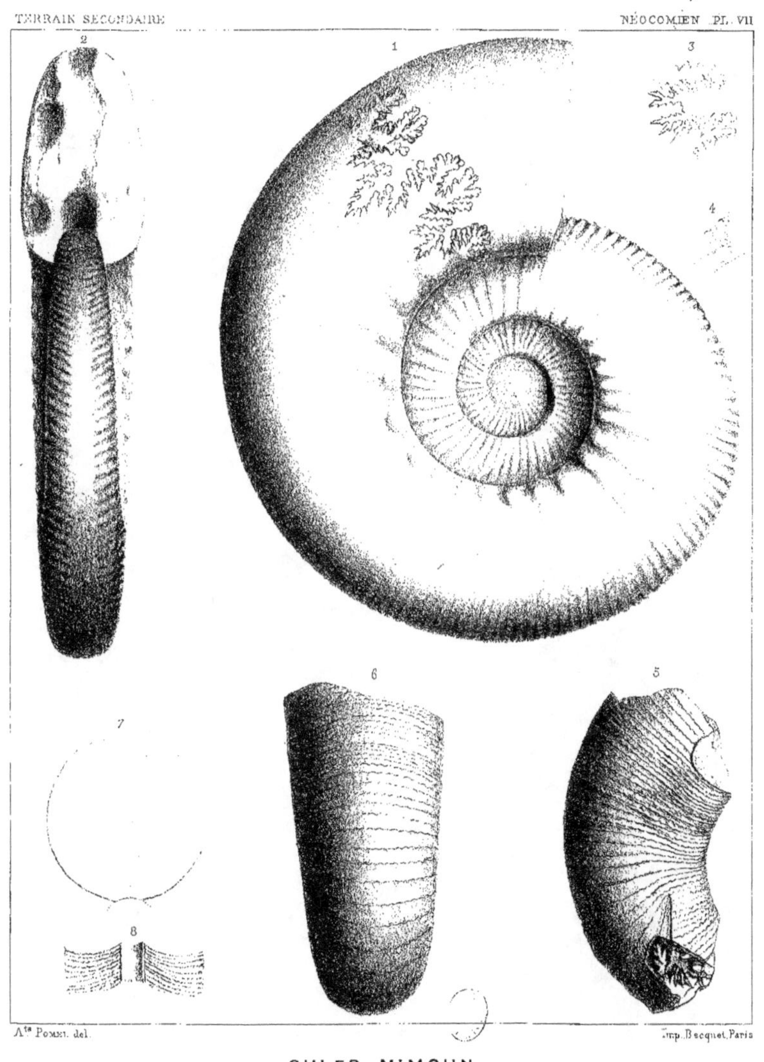

A^{te} Pomel. del.

Imp. Becquet, Paris

OULED MIMOUN

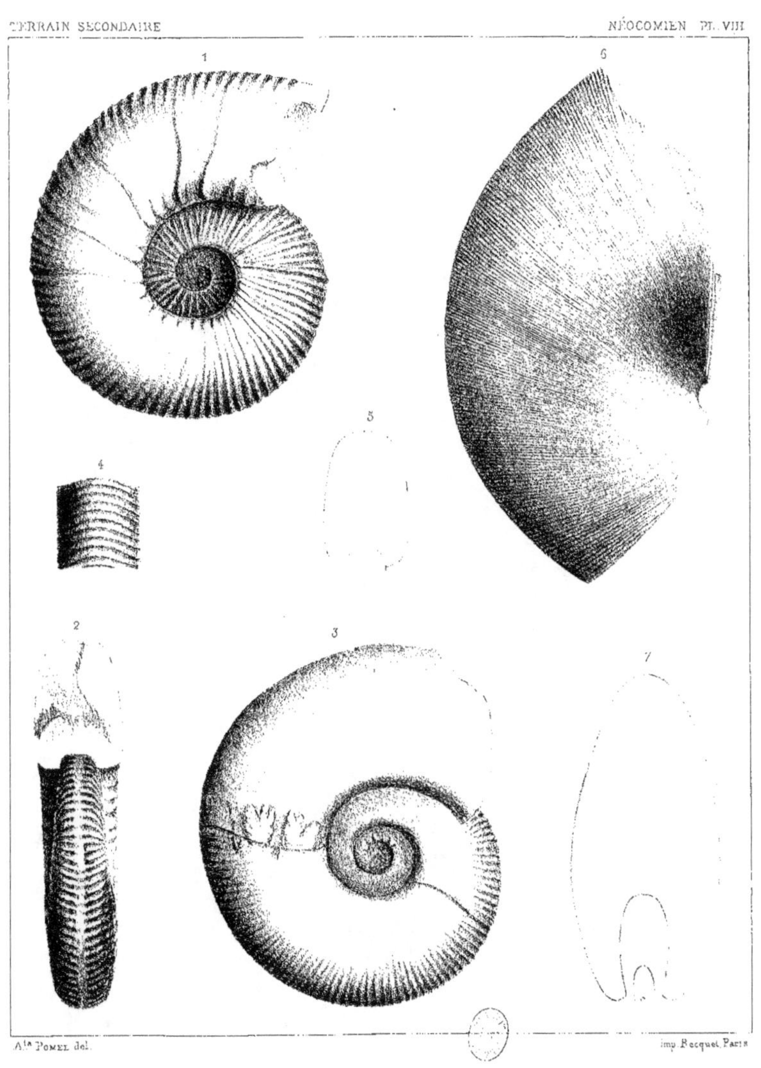

Ala Pomel del.

imp. Becquet, Paris

OULED MIMOUN

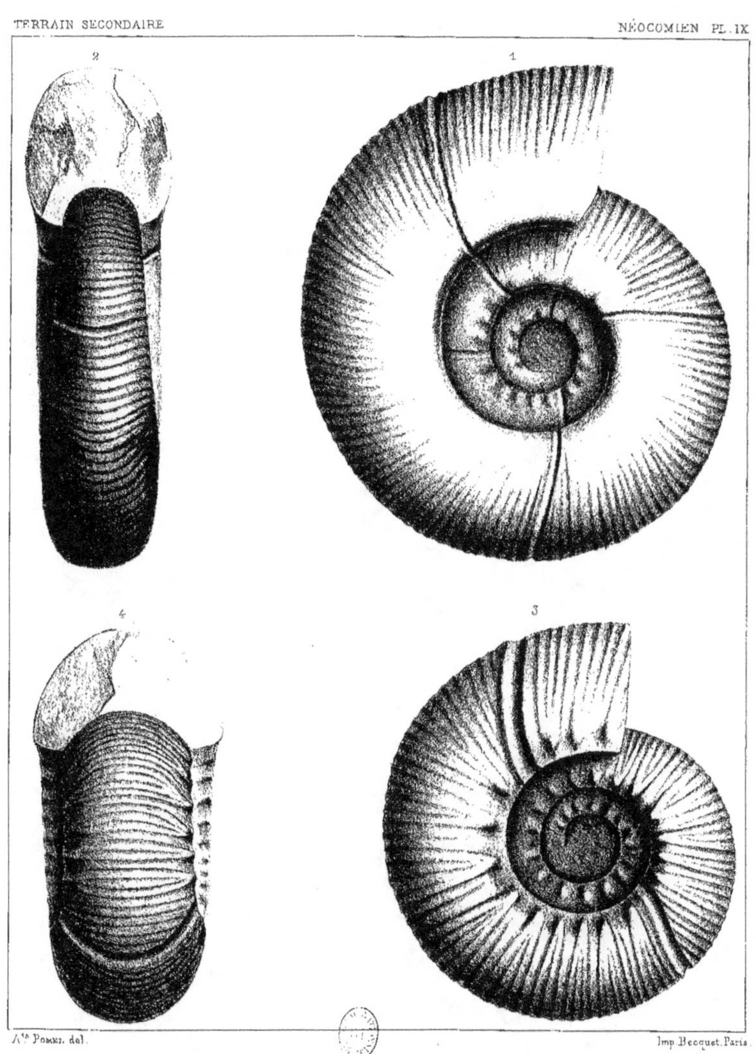

OULED MIMOUN

TERRAIN SECONDAIRE

NÉOCOMIEN Pl. X

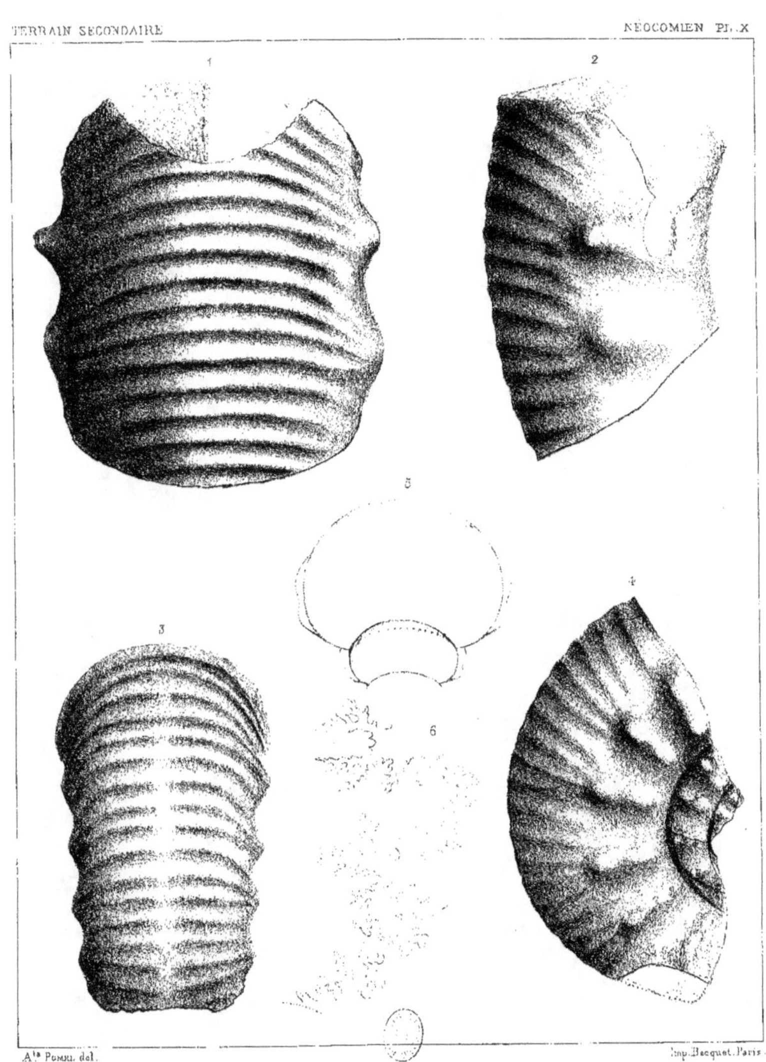

A^te Pomel, del.

Imp. Becquet, Paris.

OULED MIMOUN

DESCRIPTION GÉOLOGIQUE DE LA PROVINCE D'ORAN

PALÉONTOLOGIE

ZOOPHYTES

CORALLIAIRES A, PL. 1

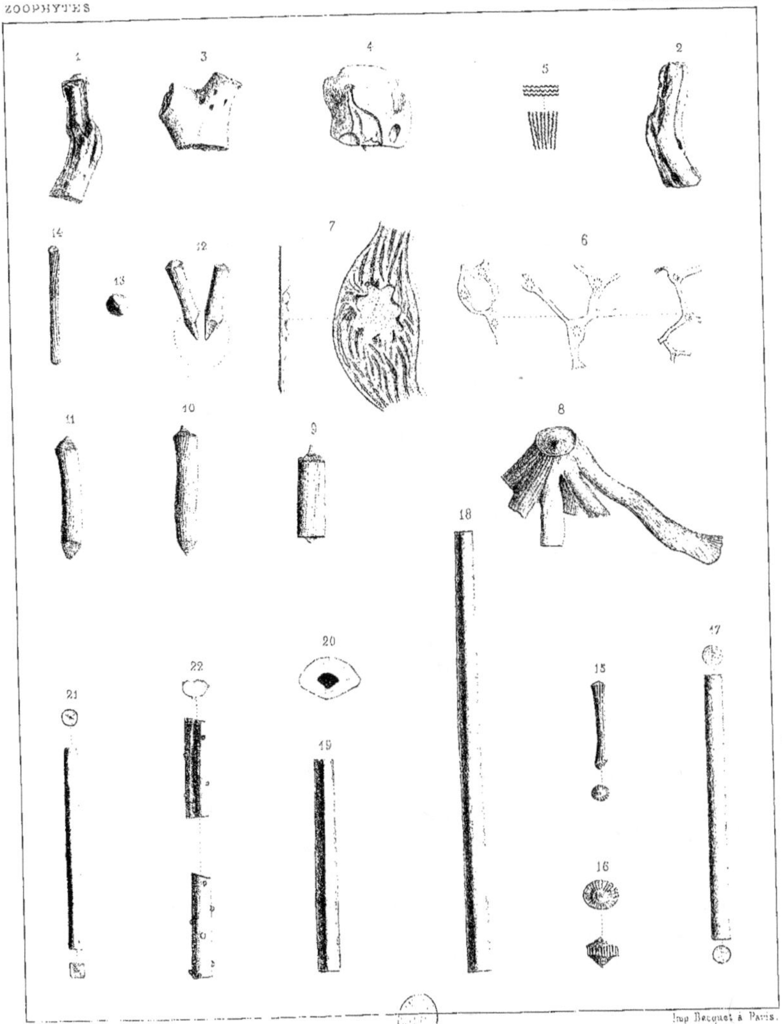

Ald Pomel del.

Imp Becquet à Paris.

ALCYONAIRES GORGONIDES

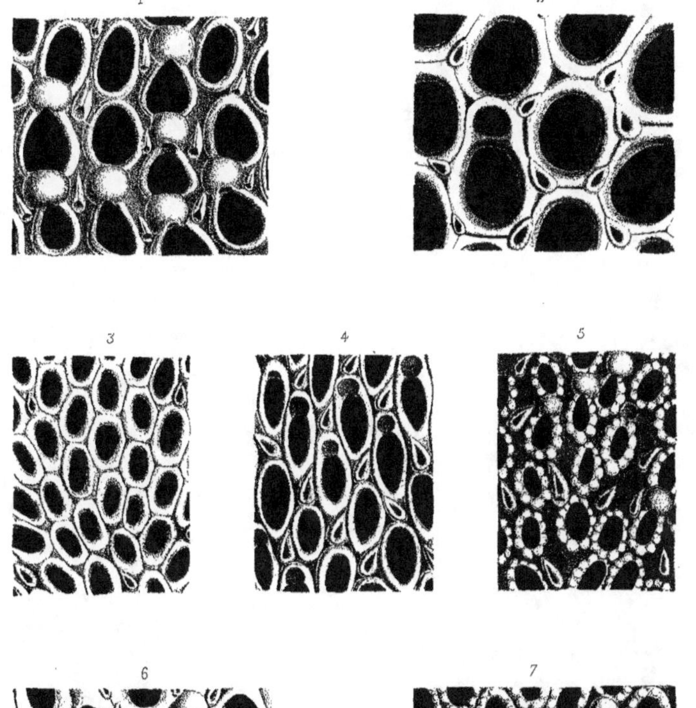

CELLULINÉS

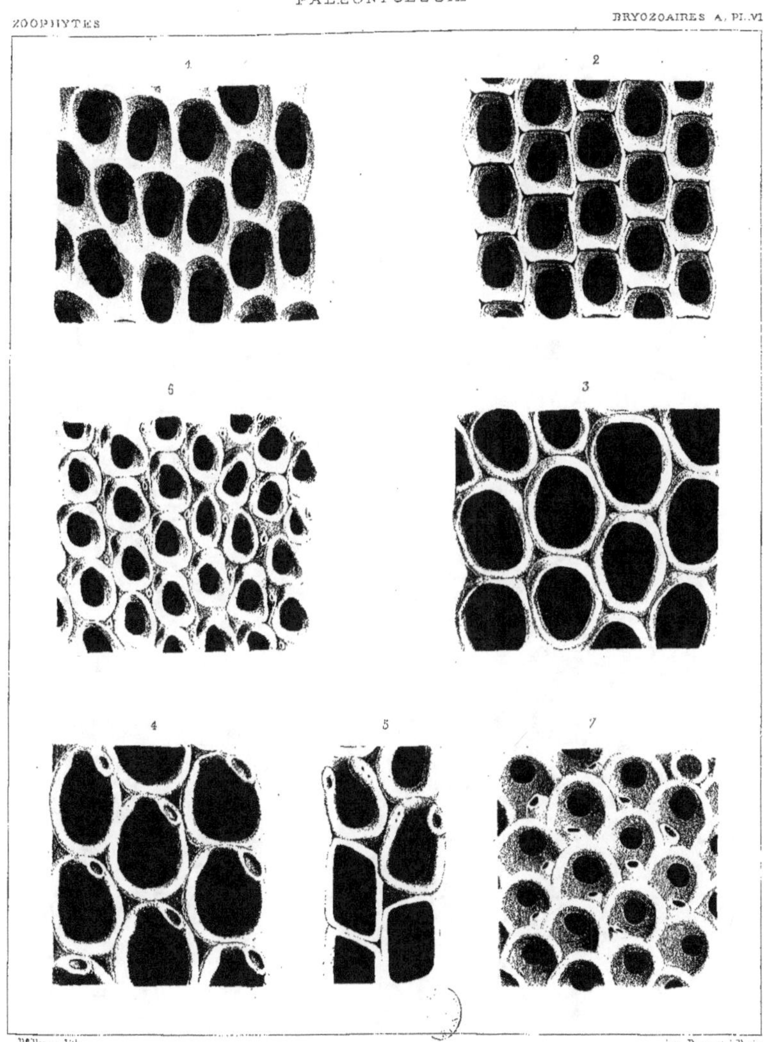

P. Pomel, lith.   imp. Becquet à Paris.

CELLULINÉS

DESCRIPTION GÉOLOGIQUE DE LA PROVINCE D'ORAN

PALÉONTOLOGIE

ZOOPHYTES — BRYOZOAIRES A, PL. VII

1

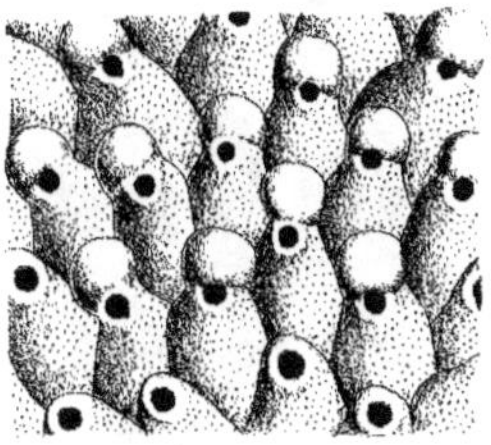

2

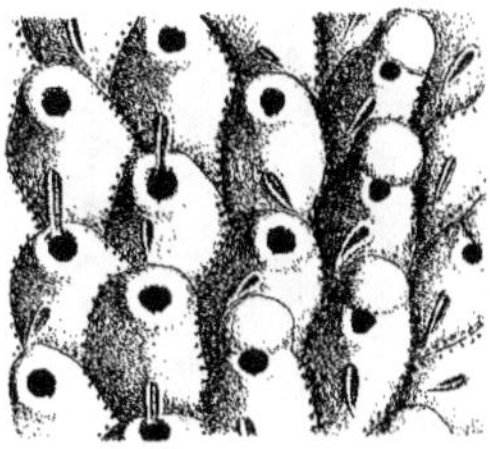

3

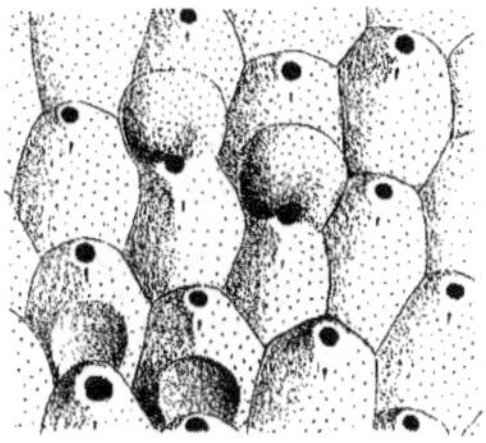

4

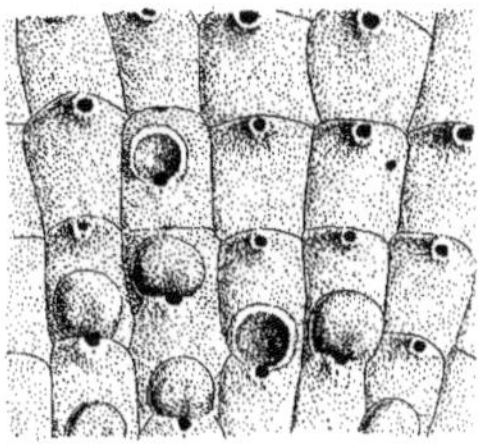

5

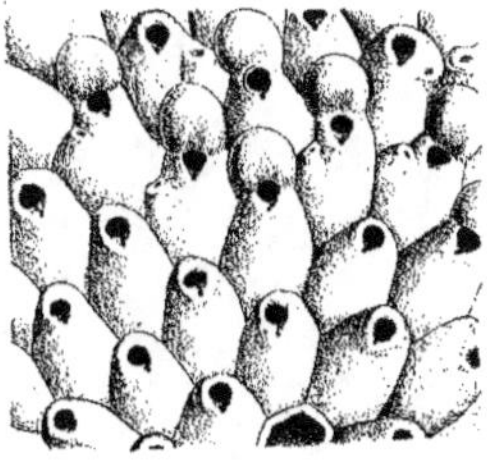

6

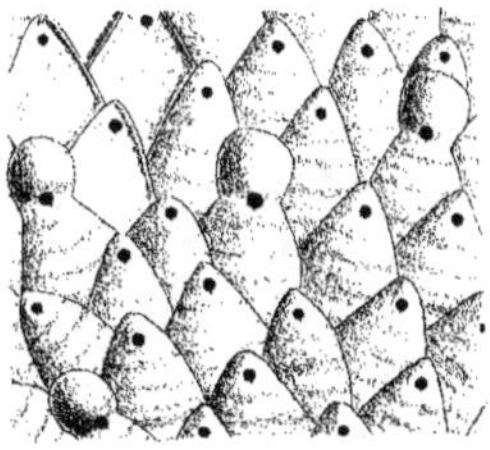

A[te] Pomel lith. — Imp. Becquet, Paris.

CELLULINÉS

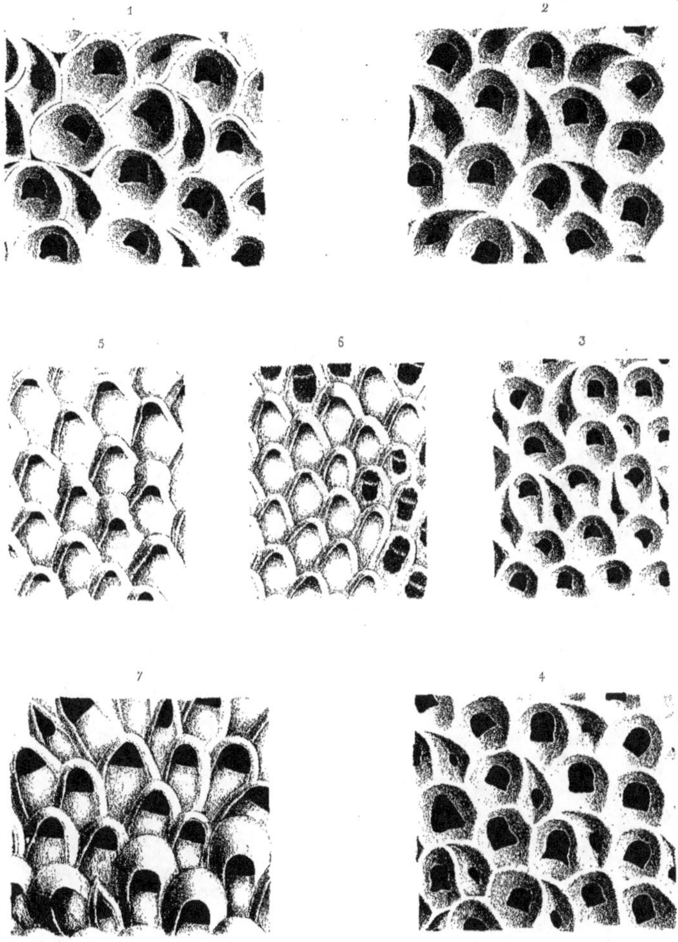

Pt Pomel. lith.   Imp Becquet à Paris.

CELLULINÉS

P. Pomel lith.

Imp. Becquet, Paris.

CELLULINÉS

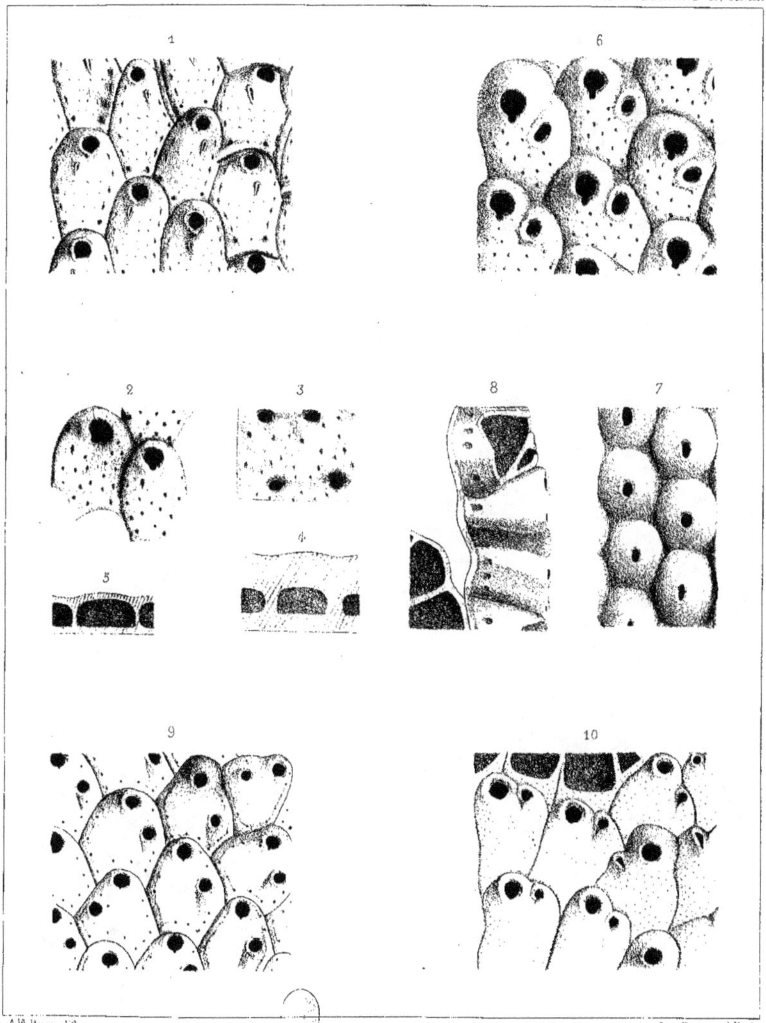

CELLULINÉS

CELLULINÉS

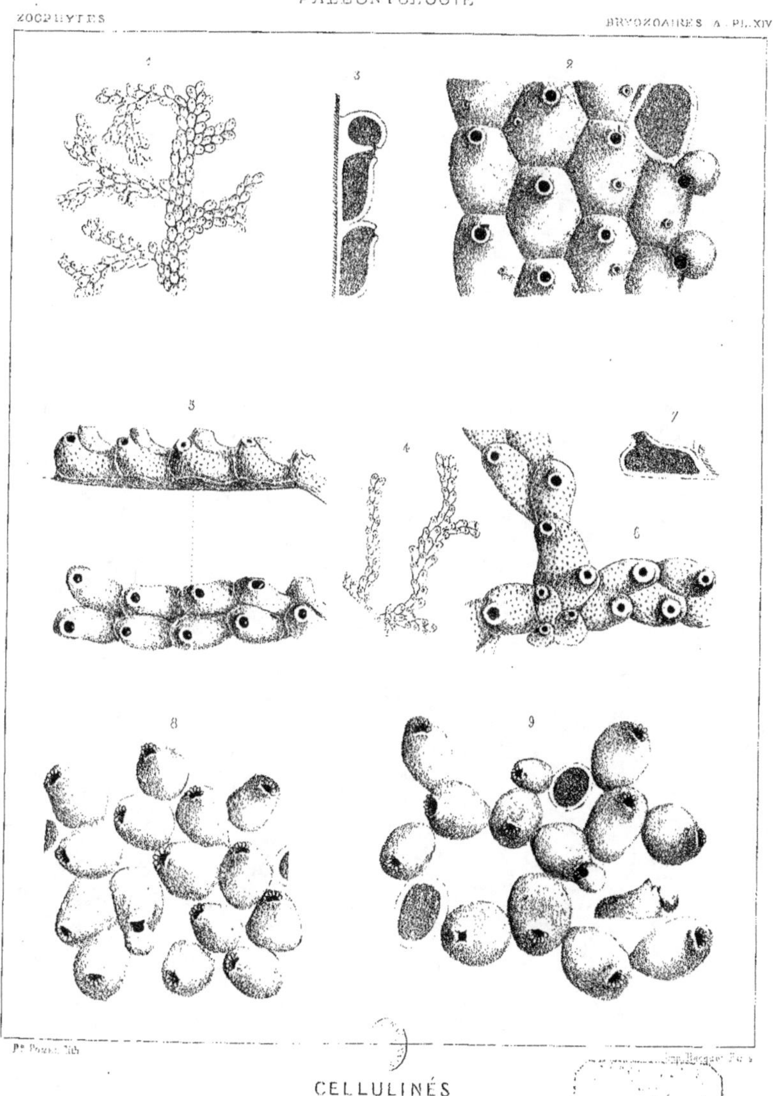

CELLULINÉS

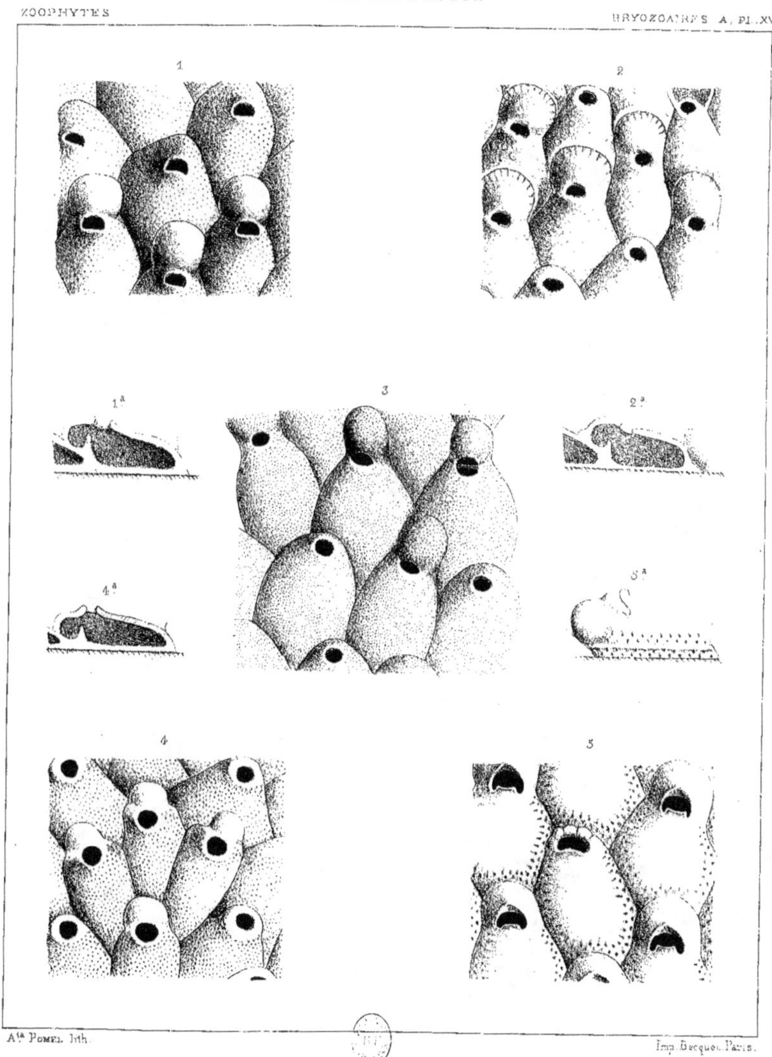

CELLULINÉS

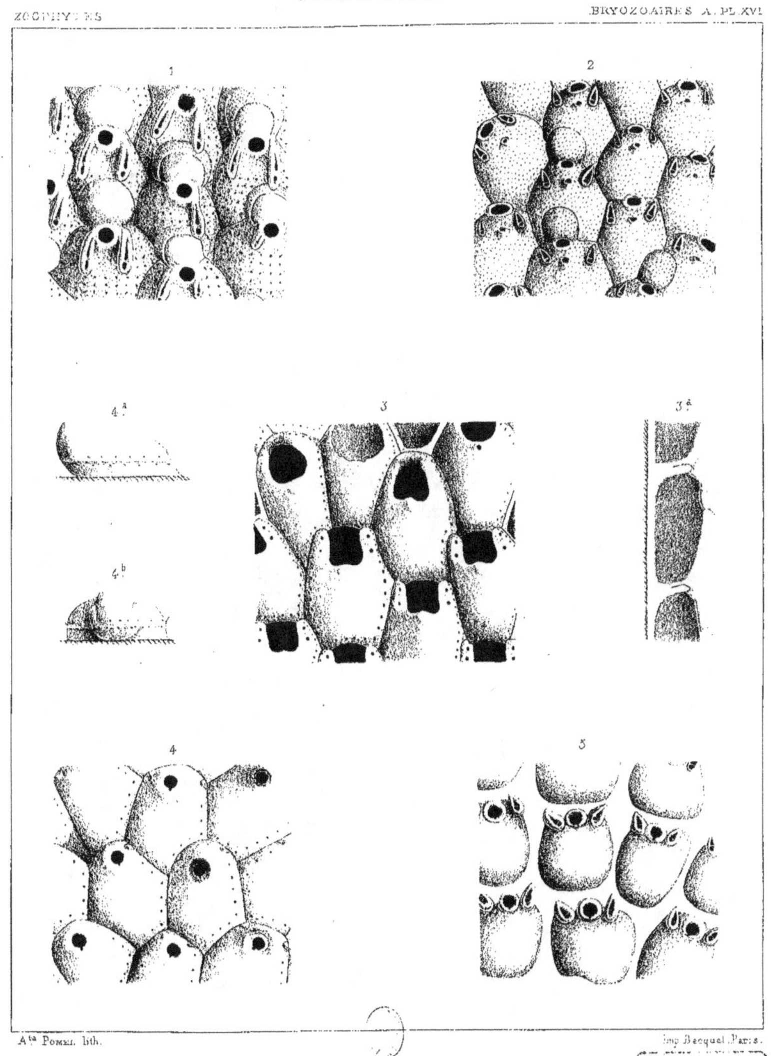

CELLULINÉS

DESCRIPTION GÉOLOGIQUE DE LA PROVINCE D'ORAN

PALÉONTOLOGIE

ZOOPHYTES — BRYOZOAIRES A. PL. XX

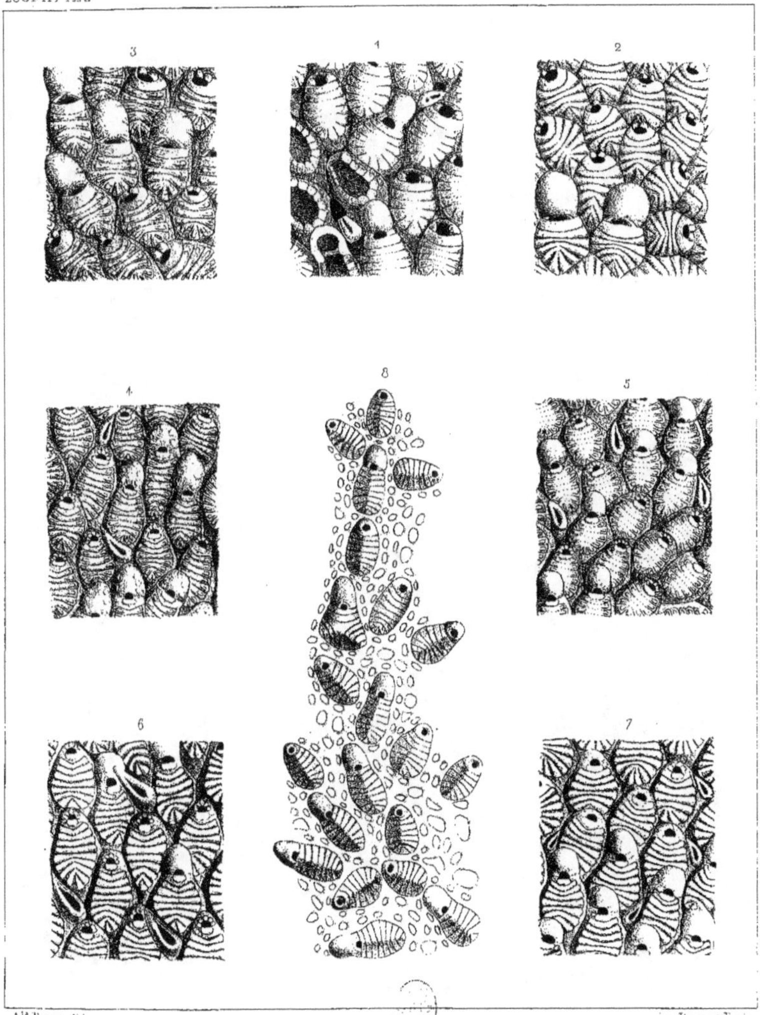

A.te Pomel lith. — Imp. Becquet Paris.

CELLULINÉS

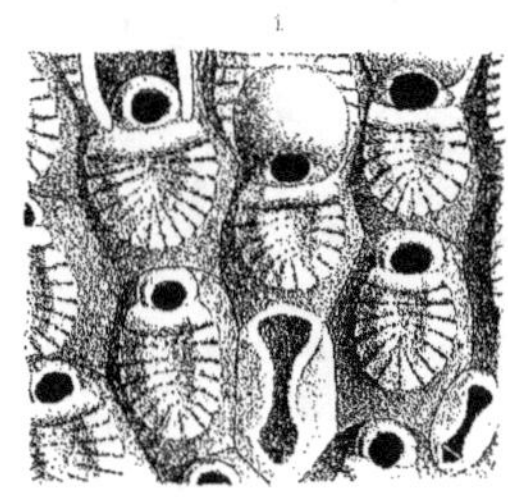

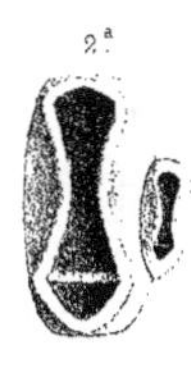

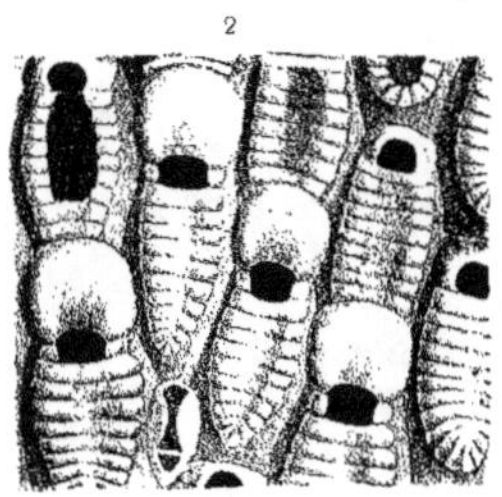

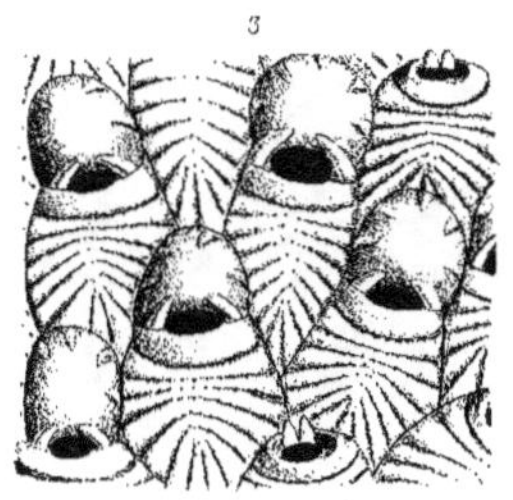

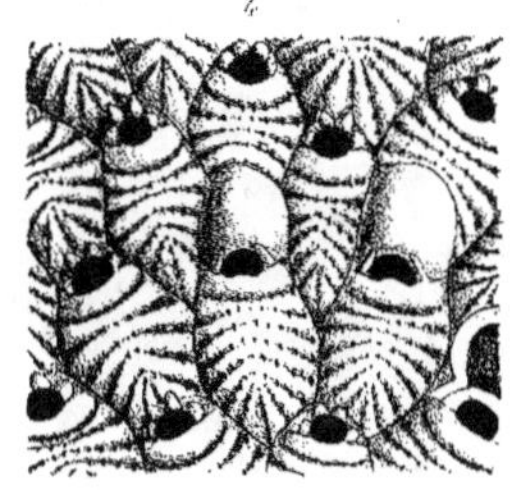

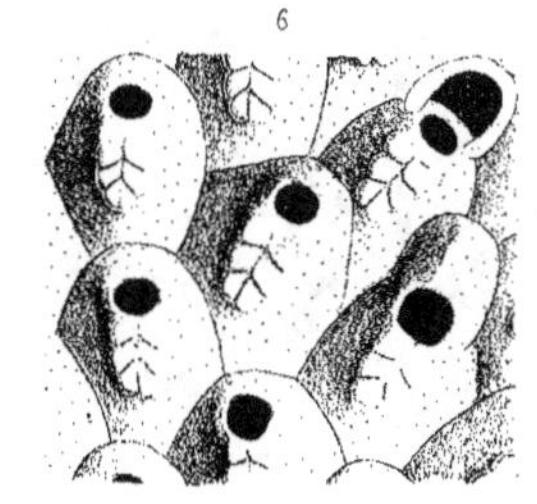

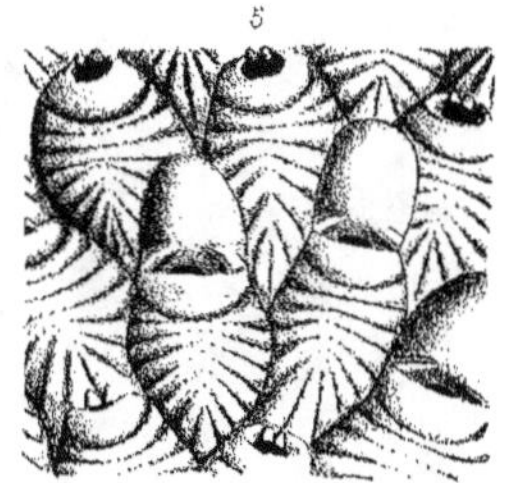

CELLULINÉS